BEI GRIN MACHT SICH IHR WISSEN BEZAHLT

- Wir veröffentlichen Ihre Hausarbeit,
  Bachelor- und Masterarbeit

- Ihr eigenes eBook und Buch -
  weltweit in allen wichtigen Shops

- Verdienen Sie an jedem Verkauf

Jetzt bei www.GRIN.com hochladen
und kostenlos publizieren

Lernen aus neurophysiologischer Sicht. Wichtige Faktoren und Methoden

Laura Fröhlich

Bibliografische Information der Deutschen Nationalbibliothek:

Die Deutsche Nationalbibliothek verzeichnet diese Publikation in der Deutschen Nationalbibliografie; detaillierte bibliografische Daten sind im Internet über http://dnb.d-nb.de abrufbar.

ISBN: 9783346868435
Dieses Buch ist auch als E-Book erhältlich.

International University

of Applied Sciences

Internationale Hochschule

Fernstudium Ernährungswissenschaften

Hausarbeit

DLBLOPS01 – Personal Skills

Lernen aus neurophysiologischer Sicht

Wichtige Faktoren und Methoden

eingereicht am 08.03.2020

Laura Fröhlich

I.   Inhaltsverzeichnis

II.   Abbildungsverzeichnis

III.   Abkürzungsverzeichnis

bzw.   beziehungsweise

ca.   circa

d.h.   das heißt

etc.   et cetera

Jhd.   Jahrhundert

u.a.   unter anderem

z.B.   zum Beispiel

1. Einleitung – Hinführung zur Thematik

„Aus biologischer Sicht heißt Lernen nichts anderes, als lebendig bleiben. Wer nichts mehr lernen kann, ist tot" (Hüther, 2016, S. 7). Lernen ist ein lebenslanger Prozess, der schon im Mutterleib beginnt. Das Zitat macht die Wichtigkeit der Forschung rund um dieses Thema deutlich. Denn auch Forschen ist nichts weiter als ein Lernprozess, der uns dabei hilft, unsere Persönlichkeit, wie auch unsere Umwelt immer weiter zu entwickeln. Evolution wäre ohne das Lernen, also die Informations-aufnahme, -verarbeitung, und -speicherung nicht möglich, denn ohne diese wesentlichen neurophy-siologischen Prozesse gäbe es kein Gedächtnis und keine Intelligenz, welche die Grundlagen für menschliches Handeln, kognitive Fähigkeiten und soziales Verhalten bilden und einen positiven Wandel in der Gesellschaft erst möglich machen. Lernen betrifft demnach alle Aspekte des Lebens und wird somit in der Wissenschaft auch aus verschiedenen Perspektiven erforscht.

In dieser Arbeit widme ich mich dem Lernen aus der Sicht der Neurobiologen. Zunächst definiere ich den Begriff, anschließend beleuchte ich neurophysiologische Grundlagen, wie Nervenzellen, Wahrnehmung, das Gedächtnis und verschiedene Gehirnareale, um den Verlauf des Lernprozesses zu veranschaulichen. Danach stelle ich das Lernmodell des „Nürnberger Trichters" und dessen Her-kunft vor und vergleiche es mit dem zuvor genannten. Daraufhin betrachte ich lernfördernde und -hemmende Faktoren, wie Belohnungen, Bewegung, Emotionen, das Lernsetting und den Biorhyth-mus näher. Diesen wird weitere Beachtung in effektiven Lehr- und Unterrichtsmethoden geschenkt, welche auch im Zusammenhang mit verschiedenen Lerntypen und -stilen stehen.

2. Der Lernprozess aus neurophysiologischer Sicht

2.1. Begriffsbestimmung

Umgangssprachlich und im Alltag verwendet man den Begriff Lernen meist im Zusammenhang mit dem Bildungssystem. Doch wissenschaftlich betrachtet, umfasst Lernen viel mehr, als nur die bloße Aneignung von Fachwissen. Sämtliche Informationen, die der Organismus aus der Umwelt aufnimmt und in seinem Gedächtnis temporär oder langfristig speichert, sowie erstmals erworbene Verhal-tensweisen für eine bessere Anpassung an seine Umwelt, wird in den Verhaltenswissenschaften als Lernen bezeichnet (Neumann, 2009). Diese relativ anhaltende Verhaltensänderung muss allerdings auf Erfahrungen beruhen (Schütz, 2015, S. 101). Davon abzugrenzen sind Ursachen, wie Prozesse menschlicher Reifung, Krankheiten, Intoxikation, Zwangseinwirkung oder extreme Müdigkeit (Schütz, 2015, S. 102). Die angeeigneten Fähigkeiten und das erworbene Wissen wird unter An-wendung sichtbar und beeinflusst unsere Entwicklung und Umwelt, welche wiederum unsere Lern-quelle darstellt und somit eine wechselseitige Beziehung hervorbringt. So kann Lernen auch als eine Art interne Projektion von externen Begebenheiten angesehen werden (ebd.). Das Ziel ist es aus den gesammelten Eindrücken und Erfahrungen zu lernen und Gelerntes umzusetzen. Dieser

Prozess wird von zahlreichen Emotionen und Denkprozessen begleitet (ebd.). Man kann sich diesem bewusst sein, wie es beispielsweise bei der Vorbereitung auf eine Prüfung der Fall ist oder sie finden unbewusst statt, wie bei dem Spracherwerb oder Laufen lernen von Kleinkindern (Reuter, 2015). Der Verlauf dieser Lernprozesse beläuft sich bis ans Lebensende und besitzt in der Kindheit und Jugend seine Höhepunkte (ebd.).

2.2. Nervenzellen

Der Lernprozess wurde anfänglich nur in den Wissenschaftsgebieten der Philosophie und Religion erforscht, doch seit dem 20. Jhd., wurden immer mehr Untersuchungen durchgeführt und auch die Psychologie wendete sich diesem wichtigen Thema zu (Bachmann, 2003, S. 35). Aufgrund der technischen Entwicklung und zahlreicher biologischer Erkenntnisse, beschäftigt sich seit Ende des 20 Jhd. die Neurobiologie mit der Physiologie des Lernens, dessen Grundlage unser Nervensystem, insbesondere unser Gehirn, darstellt (ebd.). Letzteres verfügt über 100 Milliarden Nervenzellen (Neurone) von den Billiarden Zellen, aus denen der menschliche Körper besteht (Breitenstein, 2015, S. 407; Kowal-Summek, 2018, S. 63). Ein Neuron besteht aus einem Zellkörper (Soma), Zellfortsätze (Dendriten), welche dem Informationsempfang dienen und ein Axon (Neurit), der die Informationen an die darauffolgende Zelle leitet (Breitenstein, 2015, S. 407). Dieser Informationstransfer erfolgt mittels chemischer Botenstoffe (Transmitter), die in den synaptischen Spalt, zwischen den benachbarten Neuronen, ausgeschüttet werden und auf der Empfängerseite eine elektrische Erregung auslösen (ebd.). Jede Nervenzelle ist durchschnittlich mit 1000 anderen Nervenzellen über Synapsen verbunden, woraus sich ca. 100 Billionen Synapsen ergeben (ebd.). Das daraus hervorgehende neuronale Kommunikationsnetzwerk bildet die Grundlage für jegliche Lernprozesse (ebd.) und verändert stetig, schon pränatal die Strukturen unseres Gehirns (Kowal-Summek, 2018, p. 63). Diese lebenslange Neuroplastizität bewirkt u.a. die Individualität jeden Gehirns (ebd.). Einmal aufgebaute Netzwerke gehen durch längere Inaktivität nicht verloren, sondern sind lediglich nicht mehr so rasch aktivierbar (Neumann, 2009, S. 117). Sie können ausschließlich durch neurodegenerative Erkrankungen oder Verletzungen zerstört werden (ebd.). Eine wiederholte Aktivierung verstärkt im Gegenzug die Bindungen und beschleunigt somit die Abrufbarkeit und Verarbeitung der Informationen (Neumann, 2009, S. 116).

Abbildung 1: Nervenzelle

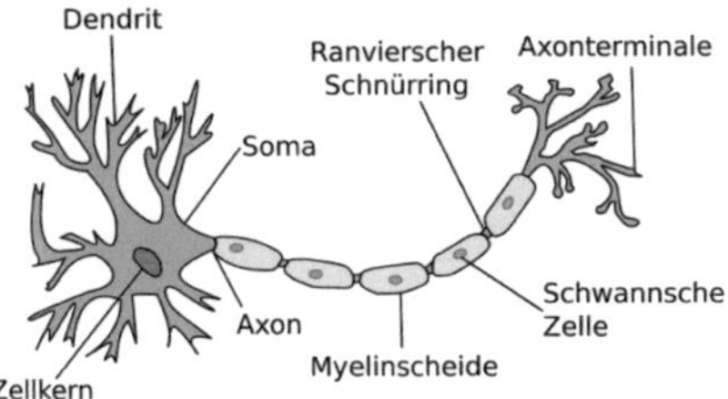

Quelle: https://de.wiktionary.org/wiki/Nervenzelle#/media/Datei:Neuron_(deutsch)-1.svg

2.3. Wahrnehmung

Lernen beginnt mit der Informationsaufnahme über unsere Sinneszellen. Dabei müssen wir zunächst unsere Aufmerksamkeit einem Geschehen zuwenden (Kowal-Summek, 2018, S. 60). Dieser Prozess hat eine Dauer von drei bis fünf Minuten und richtet sich auf nur drei bis vier Gegenstände, weshalb man ihn auch als selektive Wahrnehmung oder Zustand erhöhter Wahrnehmung bezeichnet (Kowal-Summek, 2018, S. 199). Währenddessen nehmen wir Reize auf, welche sich in Erregung umwandeln und über die Neurone an unser Gehirn weitergeleitet werden (Kowal-Summek, 2018, S. 60). Dort werden die neuen Informationen mit bereits vorhandenen inneren Strukturen und Bildern verglichen (Kowal-Summek, 2018, S. 60). Dieser Wahrnehmungsprozess ist abhängig von der Zahl der beteiligten Sinnesmodalitäten (ebd.). Demzufolge unterscheidet man unimodale, welche aus einer Sinnesmodalität stammt, multimodale aus unterschiedlichen Modalitäten und supramodale Wahrnehmung, bei der sich mehrere große Netzwerk-Verbindungen zusammenschließen (ebd.). Lernen erfolgt, indem die aufgenommenen externen Informationen an die inneren Repräsentanzen knüpfen, modifiziert und anschließend in das Netzwerk integriert werden (ebd.). Je häufiger neuronale Strukturen aktiviert werden, desto stärker und stabiler werden die synaptischen Verbindungen und umso schneller sind diese abrufbar, insbesondere wenn dabei Emotionen mit im Spiel sind (Kowal-Summek, 2018, S. 61). Einmal entstandene Muster können durch Wahrnehmungen ein Leben lang verändert werden, soweit sie nicht erstarrt sind (ebd.).

2.4. Gedächtnis

Diese gesammelten Erfahrungen, in Form von Netzwerk-Verbindungen bilden unser Gedächtnis und ermöglichen ein konsistentes Handeln in einer, sich im laufenden Wandel befindlichen, Welt (Schütz, 2015, S. 86). Jeder Lernprozess verändert unsere Gehirnstrukturen. Die Voraussetzung dafür bilden die interindividuellen Kapazitäten und Plastizität unseres Gehirns (Schütz, 2015, S. 87 f.). Die Gedächtnisleistung, als Grundlage unseres Verhaltens, läuft nach einem typischen Schema auf mikroskopischer Ebene ab (Schütz, 2015, S. 88): Zunächst nehmen wir Informationen über unsere Sinnesrezeptoren auf, die nur für wenige Millisekunden in unseren Sinnesorganen gespeichert werden (Schütz, 2015, S. 90). Wenn wir den externen Reizen unsere Aufmerksamkeit schenken, erfolgt die Einspeicherung (Enkodierung), woraufhin die Informationen, zum Zwecke einer längerfristigen Speicherung (Ablagerung), verarbeitet (Konsolidierung) werden (ebd.). Je größer die Verarbeitungstiefe der Informationen, umso länger bleibt das Gelernte im Gedächtnis (Neumann, 2009, S. 118). Je intensiver der Lernprozess, d.h. umso mehr Emotionen und Gedächtnisleistungen daran beteiligt waren, desto besser gelingt eine Erinnerung daran (Abruf) (ebd.), welche eine Neu-Einspeicherung (Re-Enkodierung) zur Folge hat (Schütz, 2015, S. 90).

Die Verarbeitungstiefe der Informationen ist ausschlaggebend für die zeitliche Einteilung des Gedächtnisses. Somit werden Wahrnehmungserfahrungen nur für Millisekunden im Ultrakurzzeitgedächtnis (ikonischer bzw. echoischer Speicher) gespeichert (Schütz, 2015, S. 88). Dies wird auf Sekunden bis maximal wenige Minuten (meist 20 – 40 Sekunden) im Kurzzeitgedächtnis erweitert (ebd.). Da es eine relativ geringe Speicherkapazität besitzt, werden die Informationen dort entweder wieder verworfen oder im Arbeitsgedächtnis zur Speicherung im Langzeitgedächtnis weiterverarbeitet (Schütz, 2015, S. 88 f.). Es weist eine theoretisch unbegrenzte Aufnahmekapazität und Speicherungsdauer auf, da sich hier immer wieder neue synaptische Verbindungen bilden können und sich die Rezeptordichte verändern kann (ebd.; Breitenstein, 2015, S. 407). Diese Konsolidierung ist unabhängig von einem aktiven Wiederholen des Gelernten und kann schon sehr früh (nach wenigen Minuten bis Stunden) oder eher spät (nach Tagen bis Jahren) vonstatten gehen (Neumann, 2009, S. 119). Das Arbeitsgedächtnis bildet somit die Schnittstelle zwischen den beiden Gedächtnisarten, denn in diesem werden die Inhalte auch wieder zum Abruf bereitgestellt (Schütz, 2015, S. 89).

Abbildung 2: Gedächtnisarten

Anmerkung der Redaktion: Die Abbildung wurde aus urheberrechtlichen Gründen entfernt.

Quelle: https://www.dmsg.de/ms-kognition/gedaechtnis.html

Diese Erinnerung ist explizit, also bewusst, oder implizit, unbewusst, möglich, woran sich die inhaltliche Einteilung des Gedächtnisses orientiert (Schütz, 2015, S. 90). Larry Squire unterschied 1987 das deklarative Gedächtnis mit erklärbaren, verbalisierbaren Inhalten, die bewusst erinnert und beschrieben werden können und dessen Gegenstück das non-deklarative Gedächtnis (ebd.).

2.5. Gehirnareale

An den zuvor beschriebenen Lern- und Gedächtnisprozessen sind verschiedene Gehirnareale beteiligt. Demzufolge werden dem limbischen System, dem Hippocampus, der Amygdala, dem Frontallappen, dem orbitofrontalen Cortex, dem Thalamus und dem Kleinhirn ein Erinnerungsvermögen zugeordnet (Neumann, 2009, S. 118). Aufgenommene Informationen müssen von sogenannten Flaschenhalsstrukturen im limbischen System verarbeitet werden, um eine langfristige Speicherung zu gewährleisten (Schütz, 2015, S. 94). Dieser Prozess ist in zwei Gedächtnisschaltkreisen organisiert (ebd.): Im Papez'schen Schaltkreis erfolgt durch die Hippocampusformation die Einspeicherung, Konsolidierung und der Abruf bestimmter Gedächtnisinhalte, während im basolateral-limbischen Schaltkreis Gedächtnisinhalte, mithilfe der zentral liegenden Amygdala, emotional konnotiert werden (ebd.). Der Hippocampus besitzt somit eine Schlüsselfunktion, denn er macht den Erwerb neuen Wissens erst möglich, indem er zwischen bekannten und neuen Informationen unterscheidet und letztere, falls bedeutsam, speichert (Neumann, 2009, S. 118). Der Frontallappen besitzt exekutive Funktionen, indem er komplexes Lernmaterial kategorisiert und kognitive Leistungen, wie das Lösen von Problemen und zielgerichtete Denkprozesse kontrolliert (Schütz, 2015, S. 96). Weitaus vielfältigere Aufgabenbereiche besitzt der orbitofrontale Cortex (ebd.). Zu ihnen zählen beispielsweise die Verarbeitung und das Erinnern autobiographischer Informationen zusammen mit dem mittleren Teil des Frontallappens, sowie vorausschauendes Denken und die Entscheidungsfindung (ebd.). Zudem unterstützt er die Amygdala bei der Emotionsverarbeitung (ebd.). Olds und Milner kamen durch elektrische Stimulation von Rattenhirnen zu der Erkenntnis, dass das limbische System als Verstärkerzentrum für Gefühle dient (Bachmann, 2003, S. 37). Der Stromstoß wurde von den Ratten als Belohnung empfunden und so löst dessen Stimulation auch bei Menschen positive bis hin zu erotische Gefühle aus (ebd.). Diese verhelfen dem Lernenden als interne Bestärkung (ebd.).

Das Gehirn kann nicht nur in verschiedene Areale, sondern auch in zwei Hälften, die Hemisphären, welche über eine Fasermasse, dem Corpus Callosum verbunden sind, eingeteilt werden (Bachmann, 2003, S. 36). Roger W. Sperry (1913 – 1994) trennte die beiden Hirnhälften, durch einen Schnitt in den Corpus Callosum, während Untersuchungen an Katzenhirnen. Dabei kam er zu den Erkenntnissen, dass ein Informationstransfer zwischen den beiden Hemisphären stattfindet und diese jeweils unterschiedlichen Funktionen nachgehen (ebd.). So ist die linke Hemisphäre vor allem für die Sprache, analytisches Denken und logische, lineare Sequenzierung zuständig, wohingegen die rechte Hemisphäre eine ganzheitliche und musikalische Wahrnehmung, sowie Orientierung, nonverbale Kommunikation und intuitives Handeln ermöglicht (ebd.). Idealerweise werden beim Lernen beide Hirnhälften angesprochen, doch meist konzentrieren sich traditionelle Lernmethoden auf die Funktionen der linken Hemisphäre (ebd.).

3. Das Lernmodell des „Nürnberger Trichters"

Die Metapher des „Nürnberger Trichters" geht auf ein 1647 von dem Nürnberger Ratsherrn, Dichter und Gelehrten Georg Philipp Harsdörffer (1607 – 1658) verfasstes Poetiklehrbuch mit dem Titel „Poetischer Trichter" zurück (Hirschfelder, 2006). Es diente Schülern als Hilfsmittel für das Lernen und Beurteilen deutschsprachiger Poesie und sollte zum eigenen Dichten inspirieren (ebd.). Dabei sollte es nur Relevantes enthalten, damit man es innerhalb kürzester Zeit, verstehen könne (ebd.). Der Schüler solle, ebenso behutsam mit seiner Zeit zum Studieren umgehen, wie beim Umfüllen von Wein in einen Trichter, damit er nichts verschütte (ebd.). Sich möglichst viel Wissen innerhalb kürzester Zeit anzueignen, war bereits im 16. Jhd. Ziel des Bildungssystems und zahlreicher Lehrbücher (ebd.). Schon damals war das „Bild vom Eingießen oder Einflößen der Weisheit durch einen Trichter" weit verbreitet (ebd.). Mit zunehmender Popularität Harsdörffers Dichtkunst wurde der Begriff mit der Stadt Nürnberg in Verbindung gebracht (ebd.). Doch erst im 17 Jhd. entstand die bekannte satirische Metapher, womit das stumpfe Eintrichtern fehlenden Wissens in die Köpfe „Unwissender, Begriffsstutziger und Unbelehrbarer" bezeichnet wurde (ebd.). Die Bedeutung der neu entstandenen Redewendung entsprach allerdings keinesfalls des Autors Intention und Vorstellung. Heute verkörpert der „Nürnberger Trichter" eine Lehrmethode, den Schülern kurzfristig, unter starkem Druck, Lernstoff einzuflößen, ohne dabei dessen Verständnis oder selbstständiges Denken abzuverlangen (ebd.). Für diese sequentielle Stoffvermittlung ist keinerlei intellektuelle Leistung von Nöten, lediglich das Gedächtnis wird beansprucht, wodurch der Aufwand und die körperliche Anstrengung relativ gering ausfallen (ebd.). Es geht einzig und allein darum, passiv Auswendiggelerntes korrekt wiederzugeben. Zumeist ist dieses nach der Überprüfung genauso schnell, wie es gelernt wurde auch wieder vergessen, da es die Informationen, aufgrund des mangelnden Bezugs, Verständnisses und der fehlenden Begeisterung und Aufmerksamkeit, nur in das Kurzzeitgedächtnis und nicht ins Langzeitgedächtnis schaffen (Gora & Schulz-Wolfgramm, 2013, S. 107). Demnach ist diese didaktische Methode keineswegs nachhaltig, doch wird leider noch allzu häufig verwendet (ebd.).

4. Wichtige Faktoren des Lernprozesses

Die Gedächtnisleistung wird, neben genetisch bedingten Grundlagen, von zahlreichen Umweltfaktoren, z.B. Ernährung, Schlaf, Bewegung, aber auch unseren Gefühlen oder dem Lernumfeld, stark beeinflusst (Schütz, 2015, S. 87 f.). Während des Alterungsprozesses, sowie bei Gedächtnisstörungen, wie Amnesie, aufgrund von krankheitsbedingter Gehirnschädigungen, verschlechtert sie sich rapide (Schütz, 2015, S. 88). Dem kann durch präventive Maßnahmen, wie gesunde Ernährung, ein ausgeglichenes soziales Umfeld und ausreichend Schlaf und Bewegung entgegengewirkt werden. In Folge gesunder Gehirn- und Körperfunktionen, wird auch das Lernen ermöglicht bzw. erleichtert. Nichtsdestotrotz geht der größte Teil der Schulleistungsvarianz auf individuelles Vorwissen und die unterschiedliche Funktionsfähigkeit von Determinanten der Informationsverarbeitung zurück (Schütz, 2015, S. 452). So können etwaige Defizite Lernstörungen und -schwierigkeiten verursachen (ebd.). Auch der physiologische und geistige Entwicklungsstand spielt im Lernprozess eine große Rolle (ebd.). Demnach erfordert gutes Lehren auch Wissen und Beratung über die Gehirnreifung, sowie gehirngerechte Methoden (Kowal-Summek, 2018, S. 91). Für das neuronale Netzwerk ist eine hohe Wiederholungsrate der Lerneinheiten von Vorteil, denn die Verbindungsstärke zwischen den Neuronen nimmt, unabhängig von dessen räumlicher Nähe, zu, je häufiger diese synchron aktiviert werden (Breitenstein, 2015, S. 408). Findet dies in unterschiedlichen Kontexten statt, so werden die Verknüpfungen weiter verbreitet (ebd.).

Ein weiterer intrinsischer Mechanismus der Lern- und Gedächtnissteigerung stellt das interne Belohnungssystem dar (Breitenstein, 2015, S. 409). Ein neuer, sensorischer Reiz wird mit einer Belohnung verknüpft, wenn er dopaminergene Neurone im Mittelhirn aktiviert, welche daraufhin weitere Neurone verändern und somit das Lernen neuer Assoziationen verstärken (ebd.). Durch diese Erkenntnis besteht allerdings die Gefahr, gesundheitsschädliche pharmakologische Substanzen zur Unterstützung von Lernprozessen zu missbrauchen. Laut Studien lässt sich der Lernerfolg junger Erwachsene mit Stoffen, wie Amphetamin und Dopamin um bis zu 20 % steigern (Breitenstein, 2015, S. 413).

Eine gesündere Alternative zu Doping ist regelmäßige Bewegung, denn dabei werden Neurotransmitter, wie Adrenalin und Dopamin auf natürliche Art und Weise ausgeschüttet (Breitenstein, 2015, S. 413). Außerdem wird durch körperliche Aktivität die kardiovaskuläre Fitness gesteigert, wodurch, über direkte neuronale Mechanismen, kognitive Funktionen verbessert werden (ebd.). Laut Tierversuchen wird die Neurogenese angeregt und die Widerstandskraft gegenüber Gehirnverletzungen erhöht, was vor allem auf lange Sicht altersbedingte kognitive Schwächen vorbeugt (Neumann, 2009, S. 121).

Sport wirkt sich nicht nur positiv auf das Gehirn aus, sondern auch auf unsere Stimmung, welche ein weiterer großer Einflussfaktor auf den Lernprozess bildet (Neumann, 2009, S. 123). Eine Voraussetzung für erfolgreiches Lernen ist die Begeisterung oder das Interesse an dem Inhalt (Kowal-Summek, 2018, S. 62). Eine positive Einstellung drückt sich, physiologisch gesehen, durch die Aktivierung einer Gruppe von Neuronen in den emotionalen Zentren im Mittelhirn aus (ebd.). Diese bewirken die Ausschüttung von Glückshormonen, welche sich wiederum positiv auf die Nervenzellen auswirken (ebd.). In Folge dessen werden Denkprozesse beschleunigt (ebd.). Beim Lernen unter Glücksgefühlen werden „evolutionär jüngere Hirnareale angesprochen, die eher flexibles, kreatives und vernetzendes Lernen ermöglichen", was zur Effizienz beiträgt (Neumann, 2009, S. 123). Des Weiteren profitiert auch das Gedächtnis von diesen Bedingungen, denn dabei ist die Einspeicherung neuer Informationen am effektivsten, was auch tiefenverarbeitende Lernstrategien begünstigt (ebd.). Im Gegenteil zu positiven, hemmen negative Emotionen die Kreativität, indem sie die Aktivierung von älteren Hirnarealen, wie die Amygdala fördern (ebd.). Als „Kampf oder Flucht"-Zentrum versetzt sie den Körper in eine Art Notfallmodus, in welchem nur monotones und oberflächliches Lernen, z.B. durch Wiederholungsstrategien möglich ist (ebd.). Die Konzentration kann jedoch leichter auf Details gelenkt werden, da Lernen auch eine gute Struktur und einen gewissen Überblick verlangt (ebd.). Emotionale Beteiligung ist jedoch nicht immer förderlich, sondern kann, wenn es die auf den Lernprozess folgende Aktivität betrifft, auch hinderlich sein (Neumann, 2009, S. 120). Dasselbe gilt für die Beschäftigung mit ähnlichen, interferierenden Inhalten (ebd.). Dabei kann sich der Lernstoff überlagern und somit die Gedächtnisleistung hemmen (ebd.).

Um die Konzentrationsfähigkeit zu fördern, kann auch das Lernsetting behilflich sein, indem es möglichst sauber und ordentlich gehalten wird und sich dort wenig Ablenkungsgegenstände befinden, man sich aber trotzdem noch wohlfühlt. Wenn die Lernbedingungen unverändert bleiben, erhöht sich deutlich die Leistung, denn die aufgenommenen Informationen werden kontinuierlich mit kontextuellen Bezügen („situativ, emotional, interaktiv, motorisch, haptisch, sozial etc.") verknüpft und in unserem Gedächtnis abgespeichert (Neumann, 2009, S. 121). Diese werden, bei Aktivierung einer dieser Bezüge oder einer verbundenen Sinneswahrnehmung, leichter wieder hervorgerufen (ebd.). Demnach ist es von Vorteil, wenn möglichst viele Sinnesorgane am Lernprozess beteiligt sind (ebd.).

Letzterer wird auch durch den natürlichen Biorhythmus beeinflusst, der teilweise vererbt wird, sich aber auch nach externen Zeitgebern, wie Licht, Mahlzeiten, Temperatur, soziale Kontakte und feste Rituale richtet (Neumann, 2009, S. 122). Dabei unterliegt die Leistungsfähigkeit starken, über den Tag verteilten Schwankungen, wobei sich der Morgentyp mit einem frühen Hochpunkt, vom Abendtyp mit einem Leistungsoptimum am Abend, unterscheidet (Neumann, 2009, S. 121). Der darauffolgende Schlaf ist von großer Wichtigkeit, denn Untersuchungen zeigen, dass dabei Lerninhalte verarbeitet und in das Langzeitgedächtnis überführt werden (Breitenstein, 2015, S. 413). Auch Entspannung fördert Konsolidierungsprozesse (Neumann, 2009, S. 120). Somit führt selektiver Schlafentzug mit der Zeit zu Gedächtniseinbußen (Breitenstein, 2015, S. 413) und es ist ratsam, insbesondere nach einer Lerneinheit am Abend, auf neue Eindrücke und Informationen, durch beispielsweise einen Film oder ein Buch, zu verzichten.

5. Lernfördernde Lehr- und Unterrichtsmethoden

Ein weiterer wichtiger Faktor des Lernprozesses ist die Lehrperson. Idealerweise verkörpert sie ein Vorbild und baut eine positive affektiv-emotionale Beziehung zu den Schülern auf, was Studien zu Folge, die kognitiven Fähigkeiten, sozialen Bindungen, Engagement und Kreativität fördert (Kowal-Summek, 2018, S. 115 f.). Der Lehrer kann den Lernerfolg durch bestimmte Methoden maßgeblich beeinflussen und sollte laut Definition den Schüler mittels Sprache oder Zeigen beim Lernen konstruktiv unterstützen (Bachmann, 2003, S. 9). Um dies zu gewährleisten, muss er gewisse fachliche und didaktische Kompetenzen inne haben, die anhand verschiedener Lehrstrategien zum Ausdruck kommen (Schütz, 2015, S. 453). Im Allgemeinen sollte jede Unterrichtsform bei den Schülern Interesse und Aufmerksamkeit wecken, indem ihnen passende, kognitiv aktivierende Aufgaben gestellt werden, die sie, weder über-, noch unter-, sondern herausfordern (ebd.). Der dabei hervorgerufene Lernprozess sollte durch direkte Instruktionen, wie „Eingangsprüfungen, explizit-darstellende

Stoffvermittlung, regelmäßige Überprüfung des Lernerfolgs, Rückmeldung und Korrektur und ange-leitetes und selbstständiges Üben" unterstützt werden (Schütz, 2015, S. 455).

Da sich jeder Schüler in puncto Entwicklung, Interessen, physiologische und kognitive Vorausset-zungen und Lerntyp von den anderen unterscheidet, stellt sich für den Lehrer die Herausforderung der adaptiven Instruktion (ebd.). Das Bereitstellen von unterschiedlichen Fördermaßnahmen, wie z.B. angepasste Aufgaben und Lernzeiten, die den Bedürfnissen jedes einzelnen entsprechen, er-fordert ein hohes Maß an Kompetenzen, sowie Unterstützung auf Seiten des Schulsystems, welches den Lehrenden durch gewisse Richtlinien und Vorgaben jedoch meist stark einschränkt und an über-holten und alten Normen festhält. Dazu gehört auch das altersorientierte Klassensystem, wobei zahlreiche Untersuchungen schon zu der Erkenntnis kamen, dass die Dauer und Ausprägung der kognitiven Entwicklung altersunabhängig sind (Kowal-Summek, 2018, S. 109). Nichtsdestotrotz sind die Veränderungen der neuronalen Verbindungen im Gehirn umso größer, je jünger der Lernende ist und je häufiger diese aktiviert werden (Kowal-Summek, 2018, S. 111).

Im Gegensatz zur Direkten Instruktion, legen problemorientierte und explorative Lehrmethoden der Indirekten Instruktion mehr Wert auf Eigenverantwortung und Selbstständigkeit der Schüler (ebd.). Komplexe Aufgaben sollen, mit Hilfe von Anleitungen und Erklärungen eigenständig gelöst werden, so dass das Erfolgserlebnis nicht nur den Lerneffekt stärkt, sondern auch die Motivation sich neuen Herausforderungen zu stellen, sowie Selbstregulation und Selbstvertrauen (ebd.). Dies wird zusätz-lich durch entdeckendes Lernen gefördert, bei dem der Lernende ohne jegliche Vorgaben, die Lern-ziele und Lösungswege selbst aktiv mittels kreativen Denkens entwickeln und herleiten muss.

Eine weitere Methode erfolgreichen Lehrens ist die der Kooperation (Schütz, 2015, S. 456). Durch positive wechselseitige Abhängigkeit der Mitglieder einer Lerngruppe werden, zum gemeinsamen Erreichen eines Lernziels, gute Kommunikation, Eigenverantwortlichkeit, Engagement, gegenseitige Unterstützung und weitere soziale Kompetenzen vorausgesetzt und gefördert (ebd.). Die gerechte Zuweisung und Durchführung der Teilaufgaben einer Lernanforderung setzt individuelle Verantwor-tung voraus, welche einer ungleichen Verteilung entgegenwirkt (ebd.). Dies sollte für den Lehrer ersichtlich sein, indem er Einzelbeitrage mit einer Bewertung oder Belohnung verbindet, um Unge-rechtigkeit vorzubeugen (ebd.). Umgesetzt wird die kooperative Methode häufig durch Gruppen-puzzle, -recherche und -rallye , reziprokes Lehren und Skriptkooperation (ebd.).

Bei jeder Unterrichtsform ist es sinnvoll, gleiche Unterrichtsinhalte zusammenzufassen und mit we-nigen kurzen Unterbrechungen oder körperlicher Aktivität zu zersetzen, um die Konzentrationsfä-higkeit aufrechtzuerhalten (Neumann, 2009, S. 120). Zwischen abgeschlossenen Lerneinheiten ge-währleisten lange, entspannende Pausen eine optimale Informationsverarbeitung im Gedächtnis (ebd.).

Die Wahl der Lehrmethode ist situationsabhängig, darf allerdings auch variieren oder kombiniert werden, um den Spaß am Lernen, durch mehr Abwechslung im Unterricht, zu erhöhen (Schütz, 2015, S. 457). Insbesondere emotionale Methoden, wie Spiele, Sport, Musik, Theater oder Geschichten mit Beteiligung aller Sinne und die praktische Umsetzung des Lernstoffs im Alltag, fungieren als optimale Gedächtnisförderer (Bachmann, 2003, S. 37 f.).

6. Lerntypen

Eine Varianz von Unterrichtsmethoden berücksichtigt bestenfalls unterschiedliche Lernstile, die durch bestimmte Verhaltensmuster bei der Informationsverarbeitung verkörpert werden und das Lernen vielseitiger gestalten (Bachmann, 2003, S. 43). Seinen individuellen Lernstil zu kennen, stellt sich als enormer Vorteil heraus, denn das Bewältigen einer Lernanforderung hängt meist eher von der Lernstrategie, als der persönlichen Intelligenz ab (ebd.). Doch oftmals ist es gar nicht so einfach anhand der Vielzahl an Konzepten, die für einen bestmöglichste Art zu lernen, zu entdecken (ebd.).

Zunächst kann man zwei Kategorien des Lerntempos festhalten. Es gibt die impulsiv Lernenden, die Aufgaben sehr schnell und risikofreundlich lösen, dabei jedoch auch leichter frustriert und störanfällig sind (Bachmann, 2003, S. 44). Im Gegensatz dazu, arbeiten reflexiv Lernende langsamer, aber sorgfältiger (ebd.).

Es lässt sich auch eine Einteilung anhand der bevorzugten Sinneswahrnehmung vornehmen (ebd.). Visuell Lernende sind besonders empfänglich für geschriebene Informationen, Diagramme und Bilder, weshalb sie auch gerne Notizen und Karteikarten anfertigen (ebd.). Wenn sich das Geschriebene besser über das Hören und die Sprache einprägt, so lernt man am besten auditiv, indem man z.B. Texte laut vorliest (ebd.). Kinästhetisch Lernende lernen optimal anhand Berührung oder Bewegung (ebd.). Für sie ist die praktische Umsetzung des Lernstoffs, Imitation und Tanz zum großen Vorteil, aber auch Schreiben bekräftigt ihr Erinnerungsvermögen (ebd.).

Eine andere Bezeichnung für sie, nach der Wahrnehmung und Verarbeitung, den Dynamiken des Lernens, sind die konkret Wahrnehmenden (Bachmann, 2003, S. 45). Aus dieser Perspektive werden sie durch direkte Erfahrung, aktivem Handeln und Feinfühligkeit gekennzeichnet (ebd.). Abstrakte Wahrnehmung macht sich durch Analyse, Beobachten und theoretisches Denken kenntlich (ebd.). Reflexiv Verarbeitende gehen noch einen Schritt weiter und suchen einen Sinn in den Lerninhalten, indem sie reflektieren (ebd.). Diese beiden Lernstile stehen im traditionellen Schulsystem stark im Vordergrund (ebd.). Dem Gegenüber, setzt der aktiv Verarbeitende neue Informationen unmittelbar in die Tat um (ebd.).

David Kolb, ein amerikanischer Bildungstheoretiker, entwickelte, anhand von Untersuchungen, einen universell wirksamen Lernzyklus, welcher als Vorlage für die Ableitung von vier Lerntypen dient und dessen Einstiegspunkt individuell und auf jeder Stufe möglich ist (Bachmann, 2003, S. 44 f.).

Abbildung 3: Der Lernzyklus nach Kolb

*Anmerkung der Redaktion: Die Abbildung wurde aus
urheberrechtlichen Gründen entfernt.*

Quelle: https://wb-web.de/wissen/lehren-lernen/lernstile-und-lerntypen.html

Aktives Experimentieren, konkretes Erleben, reflektiertes Beobachten und abstrakte Begriffsbildung bilden die zugrunde liegenden Lernmethoden (Burger & Scholz, 2014).

Demzufolge ist der Aktivistentyp, auch Akkomodierer genannt, an konkreten Erfahrungen, Aktivitäten und Experimenten interessiert (Bachmann, 2003; Burger & Scholz, 2014). Bei dessen Durchführung ist er sehr enthusiastisch, offen mit wenig Skepsis und intuitiv bei Problemlösungen (ebd.). Dabei beläuft er sich allerdings der Gefahr, übereilig zu handeln und zu wenig Ausdauer zu besitzen, weshalb er sich schnell langweilt und immer auf der Suche nach Abwechslung ist (Bachmann, 2003). Zudem beschäftigt er sich lieber mit Personen, als Dingen oder Theorien (Burger & Scholz, 2014).

Das Gegenteil vom Aktivistentyp ist der Denkertyp oder Divergierer, welcher die Situation zunächst aus vielen Perspektiven beobachtet, Daten sammelt, dann reflektiert und sich schlussendlich zum Handeln bewegt (Bachmann, 2003; Burger & Scholz, 2014). Insgesamt ist er dabei sehr vorsichtig, zögert gerne Schlüsse hinaus und bezieht alle Zeitformen mit ein (Bachmann, 2003). Auf Grund seiner enormen Vorstellungskraft, widmet er sich gerne künstlerischen Aktivitäten und kulturellen Interessen (Burger & Scholz, 2014). Als guter Beobachter sitzt er am liebsten hinten in einer Diskussion und besitzt somit eine leicht distanzierte, aber tolerante Ausstrahlung (Bachmann, 2003).

Der Theoretikertyp, auch Assimilierer genannt, besitzt gewisse Ähnlichkeiten zum Denkertyp. Nach dem reflektierten Beobachten, denkt er meist in einer logischen Schrittabfolge (Bachmann, 2003; Burger & Scholz, 2014). Dabei analysiert und synthetisiert er und macht grundlegende Annahmen und induktive Schlussfolgerungen ohne subjektive Bewertungen mit einfließen zu lassen (ebd.). Durch sein systemorientiertes Denken entwickelt er Prinzipien, Theorien und Modelle, sowie abstrakte Begriffe (ebd.). Sicherheit hat für ihn dabei einen besonders hohen Wert (Bachmann, 2003).

Der letzte der vier Lerntypen ist der Pragmatikertyp oder Konvergierer, welcher synchron zum Aktivistentyp stärker an der praktischen Umsetzung des Gelernten und an der Ausführung von Ideen, als am Inhalt interessiert ist (Bachmann, 2003; Burger & Scholz, 2014). Demzufolge ist er neugierig und probiert gerne Neues aus, tendiert also zum aktiven Experimentieren und zur abstrakten Begriffsbildung (ebd.). Er löst zwar gerne Probleme, beschäftigt sich jedoch lieber mit Dingen oder Theorien, als Personen und ist deshalb in Diskussionen schnell ungeduldig (ebd.).

Da jeder der genannten Lerntypen Informationen sehr individuell aufnimmt und verarbeitet, ist es für den Unterricht besonders wichtig, verschiedene Lernstile anzuwenden, damit niemand benachteiligt ist. Nichtsdestotrotz ist es fast unmöglich, alle Methoden zu berücksichtigen, man findet allerdings auch Überschneidungen (Bachmann, 2003).

7. Fazit & Ausblick

Es hat sich herausgestellt, dass Erkenntnisse aus der Hirnforschung, sowie verschiedene Persönlichkeitstypen sehr eng mit dem Thema Lernen verknüpft sind und uns zahllose, hilfreiche Informationen schenken, das Bildungssystem, sowie die persönliche Weiterbildung zu unterstützen und effektiv zu verbessern. Leider wird ein Großteil davon, vor allem im schulischen Unterricht noch nicht in die Tat umgesetzt. Vielen Methoden, wie das Modell des „Nürnberger Trichters", welche auf kurze Sicht erfolgsversprechend wirken, jedoch keineswegs einen nachhaltigen Lerneffekt liefern, wird noch zu viel Gewicht zugesprochen. Die Voraussetzungen, als theoretisches Wissen über positive Lernfaktoren, sind jedoch für Lehrer, Schüler und Privatpersonen frei verfügbar und umsetzbar. Demzufolge ist es für alle beteiligten Parteien von enormem Vorteil, sich über verschiedene Lernmethoden und -typen zu informieren und das Wissen darüber in den Unterricht zu integrieren. In den meisten Fällen sind die Erfolgschancen abhängig von dem angewendeten Lernstil und nicht von der Intelligenz der Person. Nichtsdestotrotz wurden die Einflussfaktoren auf das Lernen in Bezug auf die Hirnforschung, das soziale Umfeld, die Gesundheit, Lernmethoden und interne Faktoren, wie die Psyche noch lange nicht ausreichend erforscht. Doch gewiss werden zukünftig noch viele weitere revolutionäre Erkenntnisse gewonnen werden.

Wie wir nun wissen, ist das Leben ein einziger Lernprozess und die Natur wird uns immer neue Informationen und Erfahrungen liefern, um uns und unsere Umwelt ein Stück weit zu verbessern.

IV.　Literaturverzeichnis

Bachmann, H. (2003) *Auch Lernen will gelernt sein: von der Theorie zur Praxis.* Europa: Bildung Sauerländer.

Breitenstein, C. (2015) Lernen aus neurowissenschaftlicher Sicht: von der Assoziation zur Kognition. *Diskurs Kindheits- und Jugendforschung / Discourse. Journal of Childhood and Adolescence Research*, 4 7, S. 405-418.

Burger, P. H. & Scholz, M. (2014) Der Lerntyp macht den Unterschied - Zusammenhang von Kolbs Lerntypen mit psychischen Befunden von Medizinstudierenden im vorklinischen Studienabschnitt am Hochschulstandort Erlangen ; The learning type makes the difference - the interrelation of Kolb's le. *GMS Zeitschrift für Medizinische Ausbildung*, 17 11, 31(42), S. 1-15.

Gora, W. & Schulz-Wolfgramm, C. (2013) *Informations Management: Handbuch für die Praxis.* s.l.:Springer-Verlag.

Hüther, G. (2016) *Mit Freude lernen - ein Leben lang: Weshalb wir ein neues Verständnis vom Lernen brauchen. Sieben Thesen zu einem erweiterten Lernbegriff und eine Auswahl von Beiträgen zur Untermauerung.* 1. Auflage Hrsg. Göttingen: Vandenhoeck & Ruprecht.

Hirschfelder, D. (2006) Der „Nürnberger Trichter" – Ein Allheilmittel gegen die Dummheit?. *KulturGut : aus der Forschung des Germanischen Nationalmuseums*, Band 8, S. 3-5.

Kenning, P. (2014) *Consumer Neuroscience : ein transdisziplinäres Lehrbuch.* 1. Auflage Hrsg. Stuttgart: Kohlhammer Verlag.

Kowal-Summek, L. (2018) *Neurowissenschaften und Musikpädagogik: Klärungsversuche und Praxisbezüge.* Wiesbaden: Springer-Verlag.

Neumann, P. (2009) *Neurowissenschaftliche Grundlagen erfolgreichen Lernens und damit verbundene Folgerungen für die Ganztagsschule.* Deutschland: Wochenschau-Verl..

Reuter, S. (2015) *Behaviorismus, Kognitivismus und Konstruktivismus. Lehr- und Lerntheorien.* s.l.:diplom.de.

Schütz, A. (2015) *Psychologie : Eine Einführung in ihre Grundlagen und Anwendungsfelder.* 5., überarbeitete und erweiterte Auflage Hrsg. Stuttgart: Kohlhammer Verlag.

BEI GRIN MACHT SICH IHR WISSEN BEZAHLT

- Wir veröffentlichen Ihre Hausarbeit, Bachelor- und Masterarbeit

- Ihr eigenes eBook und Buch - weltweit in allen wichtigen Shops

- Verdienen Sie an jedem Verkauf

Jetzt bei www.GRIN.com hochladen und kostenlos publizieren